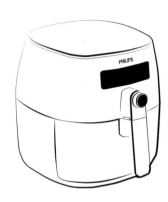

氣炸鍋
零失敗。再升級

73 道新手不敗的減脂料理
吃到健康及美味！

攝影。文／ JJ5 色廚・超馬先生・宿舍廚神

CONTENTS 目錄

006　【自序】全家人搶用的烹調樂趣

PART1 氣炸鍋減油健康料理法 **Airfryer**

010　◎**3**分鐘學會用氣炸鍋快速料理
　　　◎**4**步驟輕鬆完成氣炸料理
　　　◎掌握**5**原則，秒懂氣炸美食

PART2 悠閒享用早午餐 **Brunch**

018　太陽蛋乳酪火腿吐司杯
019　延伸食譜／玉米鮪魚乳酪酥皮杯
020　酪梨番茄芝心三明治素
021　延伸食譜／火腿洋蔥芝心三明治
022　原味司康素
024　蔓越莓燕麥棒素
026　XO醬炒蘿蔔糕
028　椰香法式吐司素
029　延伸食譜／熱狗堡
030　無罪惡薯餅素
031　延伸食譜／手風琴馬鈴薯素

PART3　快速上桌好主菜 Main Course

034　椒麻雞

036　番茄羅勒烤雞腿

037　延伸食譜／瑪格麗特披薩素

038　唐揚炸雞

040　烤牛小排佐檸檬香草鹽

041　延伸食譜／烤整顆蒜

042　厚切里肌豬排咖哩飯

043　延伸食譜／烤豬肋排

044　糖醋肉

046　烤德國豬腳

048　黑橄欖豬里肌肉卷

050　羊排佐香草芥末奶油&烤球芽甘藍

052　金錢蝦餅

054　牡蠣烘蛋

056　威靈頓鮭魚

058　炸土魠魚羹

060　法式紙包魚

061　延伸食譜／紙包清蒸鱈魚

延 延伸食譜
素 可素食

CONTENTS 目錄

PART4　感情交流下酒菜 Snack

064　韓風炸小雞腿

065　延伸食譜／韓國辣味炸雞翅

066　酥脆香草雞丁

068　沙嗲串烤

070　酥炸鑲肉辣椒

072　串炸牛肋條

074　烤小卷柚子沙拉

076　金沙透抽

078　南洋風蝦吐司

080　鹹酥蝦＆鹹酥豆腐素

082　三色白花椰菜－香草乳酪・薑黃・辣紅椒素

084　香料炸蘑菇素

086　油封菌菇普切塔素

087　延伸食譜／油封小番茄素

088　台灣味蚵卷

090　黑胡椒脆皮肉刈包

091　延伸食譜／炸刈包

092　義大利飯糰素

PART5 色香俱全便當愛 **Boxed Lunch**

096 韓式烤豬五花

097 延伸食譜／麻油煎太陽蛋素

098 蘆筍豆包卷&香料烤南瓜素

099 延伸食譜／烤彩蔬素

100 柚子胡椒烤秋刀魚

101 延伸食譜／烤虱目魚肚

102 焗烤海鮮飯

104 四季素肥腸素

106 泰式香辣鮭魚&椰香地瓜

108 番茄肉丸義大利麵

PART6 舒心享樂下午茶 **Dessert**

112 橄欖油檸檬蛋糕素

114 櫻桃費南雪素

116 花生軟心布朗尼素

118 古早味芋頭雞蛋糕素

120 紅李柿子奶酥素

122 蛋黃芋泥球&肉鬆芋泥球

124 芝麻紅豆南瓜餅素

126 烤鮮果乾－鳳梨乾・富有柿乾素

延 延伸食譜

素 可素食

自序

全家人
搶用的烹調樂趣

這不是什麼大節日的前夕，一般的周末晚餐，超馬先生準備酥炸鑲肉辣椒及炸義大利飯糰、我負責烤德國豬腳、女兒為花生軟心布朗尼忙碌，愛煮的一家人排隊等著使用我們愛不釋手的新玩具——新一代氣炸鍋 HD9642。

德國豬腳提早準備做好，當超馬先生的炸物出爐盛盤，把豬腳放進氣炸鍋加熱，一家就可圍在餐桌舉杯。沙拉及前菜吃完，豬腳剛好熱好，端桌上現切現吃。同時女兒放入甜點烘烤，等豬腳吃完，甜點又出爐了。

這些，全部都靠一台氣炸鍋完成。

省時健康　成品更漂亮

超馬先生說：有了氣炸鍋，做炸物不用像以前要開一大個油鍋，省時又健康。
長腿女兒說：氣炸鍋烤出來的甜點跟烤箱一樣好吃，甚至上色更均勻，成品更漂亮！
每次做完一道菜，看到食物留在氣炸鍋底部多得嚇人的油量，我對料理的認知一再被顛覆，雞腿炸或烤，竟比炊蒸或水煮的方式更減油減脂？

大菜小菜一鍋搞定

科技的確在改寫，讓料理方便之餘又更健康。

《氣炸鍋零失敗 1》，主力在展示氣炸鍋的多種用途。

《氣炸鍋零失敗 2》，我們把平常一家愛吃、party 中受朋友激讚、家傳食譜，全部搬出來。

大菜小菜，打破框架，統統放進氣炸鍋烹調，一鍋搞定。瞧瞧鍋底排出來的油，你可以確信氣炸鍋是你的「減脂」祕密武器，誰說美食一定高熱量？打造幸福健康的家庭，就從氣炸鍋料理開始。

PART

1

氣炸鍋減油
健康料理法

———————

Airfryer

氣炸鍋快速料理
3分鐘學會用

三餐外食難免攝取過多油脂，即使在家烹調，油煎、油炸料理容易濺油，常讓人卻步，其實只要準備一台氣炸鍋，利用將空氣快速加熱的原理，就能輕易達到炸、炒、烘、烤等效果，甚至具有醬燒等功能，一台氣炸鍋就能取代傳統瓦斯爐及烤箱，且烹調過程中，油分可大幅降低，吃來也更健康。

市面上的氣炸鍋大致分為按鍵式或旋鈕式的操作模式，但不管哪一種機型，基本操作都很容易上手，簡簡單單就能端出可口佳肴。

快速圖解氣炸鍋

以新一代的氣炸鍋來說，多半已改為液晶觸控面板，方便指示操作。同時為了減低油脂，因此設計許多技術支援。例如：運用風扇熱循環加熱烹調食物，另外利用底盤熱反射，可讓熱空氣在氣炸鍋裡循環效果更好。

至於在料理方面，為讓氣炸鍋脫離傳統只能「炸」的想像，更提供許多附件增加料理的種類，例如網籃設計能將食物與油脂分離，在烹調過程中，避免食材沾附釋出的油脂，達到燒、烤、炸等烹調方式減油效果等等，以下就以飛利浦健康氣炸鍋 HD9642 來操作示範其有哪些功能。

出風孔

進風孔

控制面板

溫度及
時間設定旋鈕

炸鍋抽屜

把手

計時器按鈕

溫度設定鈕

電源開 /
關按鈕

預設按鈕及
模式顯示

保溫按鈕

4 步驟輕鬆完成氣炸料理

為求使用者更便利使用氣炸鍋,新一代的氣炸鍋更簡化操作流程,只要按一按、轉一轉,設定溫度和時間,就能輕鬆端出好菜,以下就以飛利浦健康氣炸鍋 HD9642 旋鈕式為示範。操作步驟如下:

1. 啟動開關。

2. 將食材放入氣炸鍋專用網籃、煎烤盤、串燒架或烘烤鍋,放入氣炸鍋,關上抽屜。

3. 使用旋鈕設定溫度高低,並輕按旋鈕確認。
4. 一樣使用旋鈕設定溫度高低,並輕按旋鈕確認,計時結束即完成佳肴。

▶ ▶ ▶ 氣炸鍋使用教學影片

操作說明　　　　內鍋組裝與拆卸

內鍋清潔示範

掌握 5 原則，秒懂氣炸美食

操作氣炸鍋時，只要掌握幾個原則，就能讓食物擁有最佳口感。若使用油脂豐富的食材，例如豬五花肉、菲力牛排、鮭魚或帶皮雞肉等，不需加油即可入鍋烹調。而魚、蝦等海鮮或瘦肉、蔬菜等，建議準備一個噴油罐，只需在表面噴少許油，便能讓完成的食物風味更佳且不乾澀。來看看酥炸、香煎、燒烤、烘焗、醬燒 5 種氣炸鍋烹調技巧，快速就能上手。

氣炸鍋美食撇步

▼ ▼ ▼ ▼ ▼ ▼ ▼ ▼ ▼

▶ 氣炸鍋美食撇步 1　酥炸

好用工具 ／ 網籃、煎烤盤

使用 TIPS　▲網籃和煎烤盤都可做出酥炸的效果，新款氣炸鍋已不需預熱，其他機種需先預熱。
▲若食材表面有麵衣或麵糊，沾裹後宜先靜置 3 分鐘，較不易脫落。網籃或煎盤可噴少許油，更不易沾黏。
▲烹調時可打開氣炸鍋，確定食物定形後，可翻面讓麵衣色澤更均勻。

▶ 氣炸鍋美食撇步 2　香煎

好用工具 ／ 煎烤盤

使用 TIPS　▲若食材水分較豐富，可使用兩段式氣炸法，第一階段先使食材均勻受熱至約 8 分熟，第二階段提高溫度，讓食材徹底熟成，且表面能變得更酥。
▲烹調中途可打開氣炸鍋，將食材翻面，受熱會更均勻。

▶ 氣炸鍋美食撇步 3　燒烤

好用工具 ／ 雙層串燒架

使用 TIPS　▲若食材搭配不同調味或醬汁，味道較
淡的放上層，味道較濃郁的放下層，可
避免上層食材醬汁滴落而影響味道。
▲使用串燒架時，若想方便清潔，可在
串燒架下的網籃鋪鋁箔紙。

▶ 氣炸鍋美食撇步 4　烘焗

好用工具 ／ 烘烤鍋

使用 TIPS　▲烘烤鍋可先抹薄薄一層油。
▲將食材放入烘烤鍋後，可視狀況決定
是否包裹鋁箔紙。

▶ 氣炸鍋美食撇步 5　醬燒

好用工具 ／ 烘烤鍋

使用 TIPS　▲製作義大利麵醬、油封或糖醋醬時，
將食材與醬汁或油放入烘烤鍋，能達到
醬燒入味效果。

孩子好下飯

人氣氣炸鍋社群推薦

推
薦

▶
▶
▶

飛利浦氣炸鍋料理分享園地：
www.facebook.com/groups/
1552025598428367/
（此為臉書不公開社團，入社需申請）

飛利浦健康新廚法：
www.mykitchen.philips.
com.tw

氣炸鍋料理快速檢索

▼ ▼ ▼ ▼ ▼ ▼ ▼ ▼ ▼ ▼

頁碼	菜名	HD9230	HD9240	HD9642	建議使用配件
18	太陽蛋乳酪火腿吐司杯	✓	✓	✓	炸籃
19	延伸食譜／玉米鮪魚乳酪酥皮杯	✓	✓	✓	炸籃
20	酪梨番茄芝心三明治素	✓	✓	✓	炸籃
21	延伸食譜／火腿洋蔥芝心三明治	✓	✓	✓	炸籃
22	原味司康素	✓	✓	✓	烘烤鍋
24	蔓越莓燕麥棒素	✓	✓	✓	烘烤鍋
26	XO 醬炒蘿蔔糕	✓	✓	✓	烘烤鍋
28	椰香法式吐司素	✓	✓	✓	煎烤盤
29	延伸食譜／熱狗堡	✓	✓	✓	煎烤盤
30	無罪惡薯餅素	✓	✓	✓	煎烤盤
31	延伸食譜／手風琴馬鈴薯素	✓	✓	✓	煎烤盤
34	椒麻雞	✓	✓	✓	炸籃
36	番茄羅勒烤雞腿	✓	✓	✓	烘烤鍋
37	延伸食譜／瑪格麗特披薩素	✓	✓	✓	煎烤盤
38	唐揚炸雞	✓	✓	✓	炸籃
40	烤牛小排佐檸檬香草鹽	✓	✓	✓	煎烤盤
41	延伸食譜／烤整顆蒜	✓	✓	✓	煎烤盤
42	厚切里肌豬排咖哩飯	✓	✓	✓	炸籃
43	延伸食譜／烤豬肋排	✓	✓	✓	煎烤盤
44	糖醋肉	✓	✓	✓	炸籃、烘烤鍋
46	烤德國豬腳	✓	✓	✓	煎烤盤
48	黑橄欖豬里肌肉卷	✓	✓	✓	煎烤盤
50	羊排佐香草芥末奶油＆烤球芽甘藍	✓	✓	✓	煎烤盤
52	金錢蝦餅	✓	✓	✓	炸籃
54	牡蠣烘蛋	✓	✓	✓	烘烤鍋
56	威靈頓鮭魚	✓	✓	✓	煎烤盤
58	炸土魠魚羹	✓	✓	✓	煎烤盤
60	法式紙包魚	✓	✓	✓	煎烤盤
61	延伸食譜／紙包清蒸鱈魚	✓	✓	✓	煎烤盤
64	韓風炸小雞腿	✓	✓	✓	炸籃、串燒架
65	延伸食譜／韓國辣味炸雞翅	✓	✓	✓	炸籃、串燒架
66	酥脆香草雞丁	✓	✓	✓	炸籃

※ 部分配件需依機型選購

以下內文食譜材料
1 湯匙 ＝ 15ml
1 茶匙 ＝ 5ml

頁碼	菜名	HD9230	HD9240	HD9642	建議使用配件
68	沙嗲串烤	✓	✓	✓	煎烤盤
70	酥炸鑲肉辣椒	✓	✓	✓	炸籃
72	串炸牛肋條	✓	✓	✓	串燒架、煎烤盤
74	烤小卷柚子沙拉	✓	✓	✓	炸籃
76	金沙透抽	✓		✓	煎烤、烘烤鍋
78	南洋風蝦吐司	✓		✓	炸籃
80	鹹酥蝦 & 鹹酥豆腐素	✓	✓	✓	煎烤盤
82	三色烤白花椰菜素	✓	✓	✓	煎烤盤、串燒架
84	香料炸蘑菇素	✓	✓	✓	炸籃、串燒架
86	油封菌菇普切塔素	✓	✓	✓	烘烤鍋
87	延伸食譜／油封小番茄素	✓	✓	✓	烘烤鍋
88	台灣味蚵卷	✓	✓	✓	炸籃
90	黑胡椒脆皮肉刈包	✓	✓	✓	煎烤盤
91	延伸食譜／炸刈包	✓	✓	✓	煎烤盤
92	義大利飯糰素	✓	✓	✓	煎烤盤
96	韓式烤豬五花	✓	✓	✓	煎烤盤
97	延伸食譜／麻油煎太陽蛋素	✓	✓	✓	烘烤鍋
98	蘆筍豆包卷 & 香料烤南瓜素	✓	✓	✓	煎烤盤
99	延伸食譜／烤彩蔬素	✓	✓	✓	煎烤盤
100	柚子胡椒烤秋刀魚	✓	✓	✓	煎烤盤
101	延烤虱目魚肚	✓	✓	✓	煎烤盤
102	焗烤海鮮飯	✓	✓	✓	烘烤鍋
104	四季素肥腸素	✓	✓	✓	煎烤盤、烘烤鍋
106	泰式香辣鮭魚 & 椰香地瓜	✓	✓	✓	煎烤盤
108	番茄肉丸義大利麵	✓	✓	✓	煎烤盤、烘烤鍋
112	橄欖油檸檬蛋糕素	✓	✓	✓	使用蛋糕模
114	櫻桃費南雪素	✓	✓	✓	使用蛋糕模
116	花生軟心布朗尼素	✓	✓	✓	烘烤鍋
118	古早味芋頭雞蛋糕素	✓	✓	✓	使用蛋糕模、炸籃
120	紅李柿子奶酥素	✓	✓	✓	使用保鮮盒
122	蛋黃芋泥球 & 肉鬆芋泥球	✓	✓	✓	煎烤盤
124	芝麻紅豆南瓜餅素	✓	✓	✓	煎烤盤
126	烤鮮果乾─鳳梨乾・富有柿乾素	✓	✓	✓	煎烤盤、串燒架

PART

2

悠閒享用
早午餐

———————

Brunch

太陽蛋乳酪火腿吐司杯

造型可愛好省事

烹調時間 ▶ **10** 分

難易度 ▶ 🥄🥄🥄🥄🥄

把三明治變化成可愛的杯子型,吸引小朋友自動自發用手拿著吃,也不用擔心夾料掉得滿桌滿地都是,媽媽好省事!放在點心盒不容易變形,帶去野餐好看又有飽足感。

1 人份

吐司　1 片
火腿片　1 片
乳酪絲　1 茶匙
雞蛋（室溫）　1 顆
奶油　少許

模具

7 公分馬芬杯

步驟

1　吐司去邊，以擀麵棍將吐司壓平。火腿片切 2 公分長條。

2　馬芬杯裡抹奶油，放吐司片圍邊，沿邊緣輕壓。底部放入乳酪絲，再以火腿片圍邊，中間放雞蛋。

3　馬芬杯放入氣炸鍋專用炸籃（1 次可放 4 個），氣炸 160 度烤 10 分鐘至吐司微焦、雞蛋半熟即可。

1

2

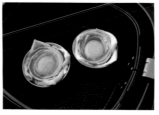

3

Tips

雞蛋先打在碗裡，再小心倒進馬芬杯，能讓雞蛋形狀完整漂亮。蛋若要全熟，時間可增加 4 分鐘。

延伸食譜

玉米鮪魚乳酪酥皮杯

罐頭鮪魚瀝乾，與玉米粒、美乃滋混合。馬芬杯裡抹奶油，放入酥皮圍邊輕壓，酥皮四角外露。依序放乳酪絲、玉米鮪魚餡、乳酪絲，將酥皮四角往中央覆蓋，表面刷蛋汁，以 180 度烤 7 至 8 分鐘至金黃色。

酪梨番茄
芝心
三明治

火腿洋蔥
芝心
三明治

酪梨番茄芝心三明治

清爽健康元氣足

烹調時間 ▶ **05** 分

難易度 ▶ 🥄🥄🥄🥄🥄

想吃飛碟三明治不用買熱壓三明治機，靠手指、筷子就行。這次分享了兩款自己非常喜歡的內餡組合，大家不妨發揮創意，創作出屬於自家的招牌口味。

材料

2 人份

吐司　2 片
酪梨　1/4 顆
小番茄　4 顆
起司片　1 片
黑胡椒粉　少許

步驟

1　吐司去邊，酪梨切塊，番茄 1 切 4。
2　取一片吐司，依序鋪起司、番茄、酪梨，撒黑胡椒粉。
3　吐司四邊沾少許水，輕輕蓋另一片吐司，以手指壓實四邊。
4　四邊以筷子由外向內滾壓，確保密合。
5　放在專用炸籃上，氣炸鍋溫度設 180 度烤 5 分鐘。

1

3

5

Tips

起司片及火腿片可隔絕番茄及洋蔥水分滲到吐司上，可以保持吐司外酥內鬆軟最佳口感。

延伸食譜 ▶

火腿洋蔥芝心三明治

內餡可換成起司、洋蔥絲、火腿和黑胡椒粉的組合，氣炸鍋溫度設 180 度烤 5 分鐘即可。

網美最愛小點

原味司康

烹調時間 ▶ **15** 分

難易度 ▶ 🍴🍴🍴🍴🍴

不時會想和好姊妹們來個優雅的英式下午茶時光。自己做的司康色澤金黃誘人，佐點果醬或奶油，再沖上一壺紅茶，不出門也可以當網美。#afternoontea # 姊妹淘

022

● 材料

5 個

中筋麵粉 150 克

泡打粉 3 茶匙

鹽 1/4 茶匙

細砂糖 27 克

無鹽奶油（冷藏） 20 克

蛋 1 顆

鮮奶油 90ml

香草精 1/4 茶匙

● 步驟

1　將麵粉、泡打粉過篩，倒入鹽、砂糖拌勻。

2　奶油切丁後加粉料，以指尖將奶油與粉料搓揉成酥鬆狀，直到沒有結塊的奶油。

3　加一半蛋汁、鮮奶油、香草精，以刮板混合至成糰，勿過度攪拌。

4　麵糰擀成 2 ～ 3 公分厚，以直徑 5 公分圓型餅乾模切出 5 個圓形，刷一層剩下的蛋汁。

5　氣炸鍋專用烘烤鍋鋪烘焙紙，放入麵糰，在已預熱 200 度的氣炸鍋烤 15 分鐘。

2

3

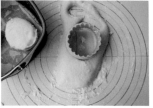

4

Tips

1. 氣炸鍋每次可容納 2 個司康麵糰，需留空間以防烘烤後膨脹變成「雙胞胎」。

2. 中途勿打開，司康才會順利受熱長高。

5

蔓越莓燕麥棒

健康滿分一級棒

烹調時間 ▶ **20** 分

難易度 ▶ 🥄🥄🥄🥄🥄

早上睡過頭，來不及準備早餐怎麼辦？不妨趁著假日多做一些燕麥棒放冰箱保存，隨時都能品嘗。燕麥棒富含膳食纖維、蛋白質，不須添加砂糖，甜味完全來自於蜂蜜與果乾，是健康滿分的早餐兼小點心。

材料

12 條，分 2 批烤

椰子油　50ml
蜂蜜　150 克
燕麥片　140 克
杏仁（搗碎）　100 克
白芝麻　35 克
蔓越莓乾　65 克
肉桂粉　1/2 茶匙

步驟

1　椰子油、蜂蜜入鍋以小火加熱，邊煮邊攪拌。
2　攪拌盆內放入燕麥、杏仁、芝麻、蔓越莓乾混勻。
3　倒入已混合的椰子油、蜂蜜，攪拌成糰。
4　填入專用烘烤鍋，以大湯匙壓至緊實、厚度一致。
5　氣炸鍋預熱至 160 度烤 20 分鐘，放涼脫模，切成 2 至 3 公分長條。

2

3

5

XO醬炒蘿蔔糕

香辣帶勁真夠味

烹調時間 ▶ **12** 分

難易度 ▶ 🥄🥄🥄🥄🥄

港式飲茶選擇相當豐富，光蘿蔔糕就有好幾種。蒸的蘿蔔糕清甜軟綿；煎的蘿蔔糕外脆內軟。若是將蘿蔔糕結合滑嫩蛋汁，再以頂級 XO 醬翻炒，吃來香辣有勁，還能添增一股鮮美海味。

● 材料

2 人份

蘿蔔糕（2 公分厚） 3 片
全蛋 2 顆
蔥（末） 2 湯匙
辣椒（末） 1/4 茶匙

調味料

鹽 1/4 茶匙
XO 醬 1 湯匙

● 步驟

1 蛋加鹽打散。蘿蔔糕切成 2 公分方塊，總共約 18 粒。

2 專用烘烤鍋底部刷一層油，放入蘿蔔糕，表面噴油，氣炸鍋溫度 200 度，煎烤 9 分鐘。

3 當蘿蔔糕表面微焦後，淋上蛋汁，稍微攪拌，再以 180 度烤 2 分鐘。

4 倒入蔥、辣椒末及 XO 醬攪拌拌均，再烤 1 分鐘即可。

2

3

4

椰香法式吐司

乾硬麵包大變身

烹調時間 ▶ **10** 分

難易度 ▶

乾硬的隔夜吐司變身飯店排隊早午餐！氣炸的法式吐司色澤均勻，猶如陽光金黃燦爛，入口微微酥香，內層卻如布丁般綿密鬆軟，且蛋香撲鼻，椰香引出的熱帶風情更是神來一筆，讓心情好放鬆。

材料

2 人份

厚片吐司 2 片
椰奶 60ml
鮮奶 90ml
雞蛋 2 顆
糖 1 湯匙
香草精（可省略） 1/8 茶匙
奶油 2 湯匙
楓糖漿（或蜂蜜） 適量

步驟

1　將椰奶、鮮奶、蛋、糖、香草精拌勻倒入保鮮盒，放入吐司，至少冷藏 1 小時或放一夜。
2　吐司入鍋前稍微擠掉多餘的蛋汁，專用煎烤盤上噴油，放一片吐司，表面噴油，氣炸鍋 160 度煎烤 6 分鐘。
3　氣炸鍋轉 200 度 4 分鐘，剩餘 2 分鐘時翻面，烤至金黃微酥。
4　盛盤，吐司上放奶油，淋適量楓糖漿。

Tips

1. 浸泡蛋奶液時，中途需將吐司翻面，吸收會更均勻。浸泡時間避免超過 10 小時，以免口感糊爛。

2. 可選一般吐司或法國長棍、布里歐。薄片吐司需適當縮短煎烤時間。椰奶份量可改以鮮奶或其他風味的堅果奶替代。

1

2

延伸食譜

熱狗堡

德國香腸放在專用煎烤盤上，氣炸鍋設 180 度 6 分鐘。取出香腸夾在熱狗麵包內，放回煎烤盤再烤 1 至 2 分鐘。品嚐時可再夾洋蔥碎、酸黃瓜，再擠番茄醬、黃芥末或沙拉醬。

無罪惡薯餅

滿足口欲不怕胖

烹調時間 ▶ **17** 分

難易度 ▶

薯餅是讓人無法抗拒的魔鬼食物，不但能滿足口欲，
還能讓心情開朗。別擔心熱量，薯餅要香，奶油是不
可或缺的美味關鍵，還好氣炸鍋的高速逼油氣旋能濾
走不少奶油，讓人吃來毫無罪惡感。

3 人份

馬鈴薯 350 克
融化含鹽奶油 2 湯匙

———————————————

調味料

鹽 1/4 茶匙
黑胡椒 1/2 茶匙
融化含鹽奶油 1 湯匙
玉米粉 1/2 湯匙
麵包粉 1 湯匙
麵粉 2 湯匙

Tips
———————————————

1.含鹽奶油可用隔熱水方式
融化。
2.吸乾水分是薯餅香脆的關
鍵,若含水過高難以炸脆。
———————————————

1　馬鈴薯去皮剉成絲狀,放入冰塊水。
2　搓洗一下後瀝乾水分,以紗布包裹擰乾水分,
　　再以廚房紙巾吸乾。
3　馬鈴薯絲依序加所有調味料拌勻。
4　取約 3 湯匙馬鈴薯絲塑成橢圓形。
5　專用煎烤盤刷一層油,放薯餅,表面刷 2 湯
　　匙融化含鹽奶油,氣炸鍋 160 度烤 15 分鐘,
　　轉 200 度再烤 2 分鐘。

1

3

5

延伸食譜 ▶ ▶ ▶

手風琴馬鈴薯

砧板上放兩根筷子,放馬鈴薯,以刀切成薄片但不切斷成手風琴狀。馬鈴
薯撒適量鹽,刷融化的無鹽奶油,氣炸鍋 180 度烤 15 分鐘,再刷一層奶油
續烤 15 分鐘,灑香料粉或培根碎片。

PART

3

快速上桌
好主菜

Main
Course

椒麻雞

酸甜帶辣人氣旺

來自雲南的椒麻雞,在台灣的雲南、越南、泰國餐廳,甚至新加坡餐廳都拿來當主打菜色,酸甜辣的醬汁一掃炸雞腿的油膩感,人氣超旺。不過常吃到的椒麻雞都只看到厚厚的雞皮,雞肉少得可憐,不妨買一隻土雞腿自己做,才能吃得皮脆肉厚、醬汁涮嘴的美味。

烹調時間 ▶ **20** 分

難易度 ▶

● **材料**

3 人份

去骨土雞腿　500 克
樹薯粉　適量
高麗菜（絲）　1 杯

醃料

醬油　1 湯匙
糖　1 茶匙
香油　少許

醬汁

香菜（末）　2 茶匙
蒜頭（末）　5 瓣
小辣椒（末）　1 根
醬油　3 湯匙
糖　1 湯匙
白醋　1 湯匙
香油　1 茶匙

● **步驟**

1　在土雞腿肉上劃幾刀，抹醃料，放冰箱冷藏 3
　　小時備用。

2　入鍋前 15 分鐘，將雞腿均勻灑樹薯粉並按
　　摩，置室溫反潮。

3　雞腿放入專用炸籃，氣炸鍋設 200 度、時間
　　15 分鐘；轉 170 度 5 分鐘至全熟。

4　取出雞腿，稍放涼後切片，鋪在高麗菜絲上。

5　淋上調好的醬汁即可。

2

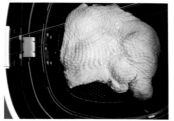

3

Tips

1.肉厚的土雞腿需在肉上劃
幾刀，較容易熟透。
2.雞腿的厚薄會影響熟成時
間，肉較薄的雞腿可以減短
氣炸時間。

番茄羅勒烤雞腿

懶人宴客菜第一名

想要居家宴客，但又不想太花時間，那麼番茄羅勒烤雞腿絕對是懶人宴客菜第一名莫屬！使用氣炸鍋，不單可以一鍋到底，肉與蔬菜的比例平衡，而且調味簡單，醬汁可口。重點是這道從氣炸鍋端出時，香氣逼人，同時達到表面雞皮香酥，雞肉卻吸滿酸甜得宜的番茄醬汁滋味，端上桌時，會讓主人非常有面子。

烹調時間 ▶ **30** 分

難易度 ▶ 🍴🍴🍴🍴🍴

● **材料**

3 人份

去骨雞腿　300 克
小番茄（對切）　12 顆
蒜頭（連皮）　6 瓣
羅勒或九層塔　10 片
鹽　少許
黑胡椒　少許

醃料

鹽　1/2 茶匙
黑胡椒　少許
橄欖油　1 茶匙

● **步驟**

1　雞腿肉抹上醃料，放冰箱冷藏醃漬 30 分鐘。
2　專用烘烤鍋先放入小番茄、蒜頭及羅勒。
3　灑上少許鹽及黑胡椒，再鋪上雞皮朝上的雞腿肉。
4　氣炸鍋溫度 180 度時間 30 分鐘，完成後將蒜頭肉擠出，盛盤。

2

Tips

1. 羅勒葉需壓在雞腿下，避免被鍋內氣旋吹起來。
2. 去骨雞腿可用帶骨雞腿、雞翅替代。

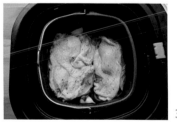

3

延伸食譜 ▶

瑪格麗特披薩

取一片市售皮塔餅（口袋麵包），抹上披薩醬 2 湯匙，鋪上對切小番茄 6 顆，及水牛莫札瑞拉乳酪 2 湯匙，置專用煎烤盤上，氣炸鍋 180 度烤 4 分鐘，完成取出擺上幾片羅勒葉。

唐揚炸雞

皮酥肉嫩會噴汁

烹調時間 ▶ **08** 分

難易度 ▶

日式唐揚炸雞吃來皮酥肉嫩，向來是不敗的經典炸物。傳統油炸方式若是油溫不當，炸雞易含油而生膩，且一鍋炸油也難處理，利用氣炸方式不但外皮酥脆，吃起來也不會油膩。

● **材料**

3 人份

去骨雞腿肉 350 克

調味料

蒜末 1/2 茶匙
薑末 1/2 茶匙
日本味醂 1/2 茶匙
清酒 1 茶匙
日式醬油 1 茶匙
糖 1/2 茶匙

麵衣

全蛋 1 顆
玉米粉 10 湯匙

● **步驟**

1 去骨雞腿肉洗淨擦乾，切成 3 ～ 4 公分塊狀，放入深碗，加所有調味料拌勻，以保鮮膜密封，冷藏醃 30 分鐘。

2 將全蛋打散，放入醃好的雞腿肉拌勻。

3 取出雞腿肉，均勻沾薄薄一層玉米粉，靜置 3 分鐘。

4 在氣炸鍋炸籃網架上噴油，放雞腿肉，雞皮朝上，再噴油在雞肉上，氣炸鍋溫度 190 度、時間 8 分鐘。

1

2

3

Tips

雞肉沾裹玉米粉後，稍微靜置一下，可增加附著力，氣炸時較不易脫粉。

4

烤牛小排佐檸檬香草鹽

肉鮮汁豐不失敗

烹調時間 ▶ **09** 分

難易度 ▶

使用氣炸鍋烤牛排比平底鍋更能穩定掌握牛肉熟度，選擇自己喜歡的牛排部位，以相同 200 度記錄不同時間烤出來的效果，變成自家的 SOP，永不失敗，讓你也能變成親友間口耳相傳的牛排專家。

● 材料

2 人份

牛小排（2 公分厚） 300 克
鹽 1 茶匙
黑胡椒 少許
橄欖油 1 湯匙
檸檬 1/2 顆
洋香菜（巴西里） 1 湯匙

● 步驟

1　牛小排撒上鹽及黑胡椒，再淋上橄欖油醃個
　　10 分鐘。
2　牛小排放氣炸鍋專用煎烤盤上，以 200 度烤
　　9 分鐘，取出靜置 3 分鐘。
3　將牛小排切片，利用刨絲器刨上檸檬屑，再
　　灑洋香菜即可。

Tips

1.食譜中的牛小排烤約 5 分
熟，不同的牛排厚度及熟度，
需稍微調整烘烤時間。
2.牛排烤好靜置，可讓美味
肉汁均勻回流到肉中，吃來
更嫩更多汁。

1

2

延伸食譜 ▶

烤整顆蒜

切掉整顆蒜頭的頂部，放入錫箔紙內，淋橄欖油，撒少許鹽及黑胡椒，將
鋁箔紙包緊放入氣炸鍋，200 度烤 10 至 12 分鐘至蒜頭變軟。可與牛小排
同時氣炸。除搭配牛排品嘗，也可搭羊排或抹在麵包上。

厚切里肌豬排咖哩飯

卡滋爽口全家愛

烹調時間 ▸ **15** 分

難易度 ▸ 🍴🍴🍴🍴🍴🍴

咬下酥香不油膩的麵衣,裡頭的肉排又嫩又鮮,任誰也無法抗拒炸豬排的誘惑,再搭配濃醇的咖哩醬,馬上脾胃大開,保證白飯一碗接一碗。

● **材料**

2 人份

厚切（約 1.2 公分厚）豬里
肌肉排　2 片
白飯　2 碗

調味料

鹽　1/2 茶匙
奶油　30 克

麵衣

全蛋　1 顆
低筋麵粉　40 克
麵包粉　50 克

咖哩醬汁

日式咖哩塊　1 塊
洋蔥 / 紅蘿蔔　適量
水　適量

● **步驟**

1　豬排洗淨擦乾，以刀劃斷邊緣筋絡，再以槌肉棒敲打幾下，兩面抹鹽醃 10 分鐘。

2　奶油隔熱水融化，取 10 克與全蛋打散。

3　2 個大盤分別倒麵粉、麵包粉。豬排先沾薄薄一層麵粉，再沾蛋汁，重複幾次，最後裹麵包粉，注意要壓實，靜置 3 ～ 5 分鐘。

4　將剩下部分融化奶油抹在專用炸籃上，放入豬排不重疊，表面再抹融化奶油，氣炸鍋以 180 度烤 7 分鐘，再轉 200 度 8 分鐘，取出鋪在白飯上。

5　咖哩塊加水煮溶，放蔬菜煮熟後，即可盛盤享用。

3

4

延伸食譜

烤豬肋排

豬肋排混合蒜末、洋蔥末及美式烤肉醬醃 3 小時，撥除表面醬料，平放在專用煎烤盤上，氣炸鍋設 180 度，烤約 20 分鐘，中途打開氣炸鍋在豬肋排刷醃醬。

糖醋肉

酸甜可口味下飯

很多中菜需先將食材過油或炸熟，再裹上醬汁，在家做不出餐廳菜式的香氣，常是因為主婦嫌麻煩或浪費油，把過油步驟省略了。現在就把過油材料交給氣炸鍋處理吧，除了不用擔心熱量，更不需要害怕被燙油彈到呢！

● **材料**

3 人份

豬梅花肉　250 克
洋蔥　25 克
青甜椒　50 克
黃甜椒　50 克

調味料

鹽　1/4 茶匙
醬油　1 茶匙
糖　1 又 1/2 茶匙
香油　1/4 茶匙
五香粉　1/4 茶匙

麵衣

樹薯粉　60 克
全蛋（打散）1 顆

醬汁

李錦記甜酸排骨醬包
80 克

● **步驟**

1　梅花肉洗淨擦乾去除肥脂，切成 3 公分塊狀，加調味料拌勻，蓋上保鮮膜冷藏醃 30 分鐘。

2　取出醃好肉塊加蛋汁拌勻，再裹樹薯粉，靜置 3 分鐘。

3　專用炸籃刷一層油，放入肉塊，表面噴油，氣炸鍋轉 200 度、時間 8 分鐘，將肉塊炸至金黃色取出。

4　專用烘烤鍋底部抹一層油，倒入洋蔥與甜椒，表面噴些油，氣炸鍋溫度 180 度、時間 3 分鐘，將蔬菜烤熟。

5　倒入炸好的肉塊及甜酸排骨醬包拌勻，氣炸鍋 180 度、 時間 4 分鐘即完成。

2

3

4

5

烤德國豬腳

脆皮口感人人愛

烹調時間 ▶ **80** 分

難易度 ▶ 🍴🍴🍴🍴🍴

節慶總覺得要端出一個大菜才有氣氛，平常我最愛外帶的德國烤豬腳，原來自己做並不難，實際要顧著的時間也意外的短。就是以鹽跟香料醃一晚，第二天丟進萬用鍋煮熟，然後丟進氣炸鍋烤至皮脆。豬腳沒看牢眠，就從生豬肉變脆皮豬腳了。

● （材料）

6 人份

豬前腳 1 隻 1200 克

醃料

鹽 2 湯匙
五香粉 1 湯匙

燉煮材料

紅蘿蔔 70 克
洋蔥 100 克
蒜頭 6 瓣
義大利綜合香料 1 湯匙
黑胡椒 1/2 茶匙
月桂葉 2 片
白酒 1 湯匙
水（萬用鍋水量） 1200ml

Tips

1. 選購豬腳要以大小能放入
氣炸鍋為準。
2. 若非使用壓力鍋燉煮豬腳
時，水量需適量增加，烹調
時間延長為 60 ～ 90 分鐘至
豬腳全熟。

● （步驟）

1 豬腳洗淨，清除豬毛，擦乾水分，表面抹鹽
及五香粉，冷藏醃一夜（至少 8 小時）。

2 燉煮材料放入萬用鍋；撥除豬腳表面五香粉，
入鍋，使用煮粥模式，時間為 30 分鐘，煮熟
入味後，瀝乾水分放涼。

3 豬腳放在氣炸鍋專用煎烤盤上，以 200 度烤
25 分鐘至表皮金黃焦脆。

4 取出放涼切片，沾黃芥末醬享用。

2

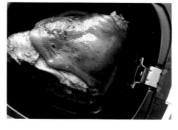
3

黑橄欖豬里肌肉卷

澎湃形美賣相佳

烹調時間 ▶ **15** 分

難易度 ▶ 🍴🍴🍴🍴🍴

把肉片鋪材料包捲，做法看似複雜，其實一點也不難，只要利用類似蝴蝶刀的手法，將里肌肉片橫切，但小心不要切斷，攤開就能變成一大張，做好的肉卷形美味佳，就像西餐廳的大菜。

● 材料

2 人份

豬里肌肉（1.5 公分厚） 300 克
黑橄欖（去籽） 100 克

───────────────

醃料

白胡椒粉 1 茶匙
紅椒粉 1 茶匙
黑胡椒粉 1/2 茶匙
鹽 1 茶匙
米酒 1 茶匙

● 步驟

1 里肌肉橫剖但不切斷，攤平成厚 0.7 公分肉
片，以槌肉棒敲打至厚薄均一並斷筋。

2 肉片加醃料醃 5 分鐘，去籽黑橄欖以料理機
攪成泥狀。

3 肉片上攤黑橄欖泥，捲起，以棉繩綁緊成肉
卷，左右兩端以牙籤封口。

4 專用煎烤盤刷一層油，放上肉卷，氣炸鍋溫
度 200 度烤 9 分鐘，轉 160 度再烤 6 分鐘至
豬肉全熟，取出放涼切片。

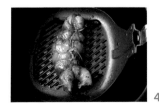

1

2

3

Tips

───────────────

里肌肉卷完成取出來後，先
靜置 5 分鐘再切片，味道會
更美味。

───────────────

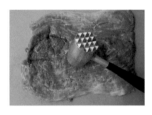

4

羊排佐香草芥末奶油 &烤球芽甘藍

融化奶油引出肉鮮

烹調時間 ▶ **08** 分

難易度 ▶ 🍴🍴🍴🍴🍴🍴

當奶油放在烤好的羊排上，遇熱漸漸融化，那股飄出的香氣多麼誘人垂涎呀！自製的香草奶油滋味格外香醇，搭配各種肉類都可口。

● 　**材料**

2 人份

羊排（1.5 公分厚） 200 克

―――――――――――

醃料

鹽　1/4 茶匙
黑胡椒　少許

―――――――――――

香草芥末奶油

無鹽奶油（室溫）　1/2 湯匙
法式芥末籽醬　1/8 茶匙
百里香　1/8 茶匙
檸檬皮屑　1/8 茶匙
鹽　少許
黑胡椒　少許

―――――――――――

烤球芽甘藍

球芽甘藍 100 克
鹽 1/4 茶匙
黑胡椒　少許
橄欖油 1 湯匙

● 　**步驟**

1　羊排抹醃料醃 10 分鐘。

2　將已軟化的奶油加其他材料拌勻成香草芥末
　　奶油，放在小碗裡，冷藏至變硬。

3　羊排放在氣炸鍋專用煎烤盤上，以 200 度烤
　　8 分鐘，取出靜置 3 分鐘。

4　將香草芥末奶油放在烤好的羊排上，遇熱融
　　化成奶油醬 。

5　將球芽甘藍洗淨瀝乾後對切，均勻灑鹽、黑
　　胡椒及橄欖油，切面朝下，放入烤完羊排仍
　　附著羊排汁的專用煎烤盤上，150 度氣炸 8
　　分鐘至微焦即可。

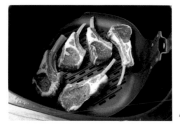

4

Tips

―――――――――――

食譜中的羊排是烤至全熟，
可視羊排厚度及喜好的熟
度，稍微調整烘烤時間。

―――――――――――

金錢蝦餅

經典菜式串起兩代情

烹調時間 ▶ **08** 分
難易度 ▶ 🍴🍴🍴🍴🍴

有一次節慶前，超馬先生跟媽媽說很懷念小時候吃到
的金錢蝦餅，婆婆立刻備好料，母子倆一起動手做。
第一次吃到傳說中的蝦餅，真的大呼人間美味啊！近
年的團圓年夜飯，金錢蝦餅已變成超馬先生的拿手
菜，也是懷念婆婆的傳家菜。

● 材料

2 人份

蝦仁（去殼） 175 克
鹽（清洗蝦仁） 1/2 茶匙
豬板油 1/2 湯匙
荸薺 50 克

調味料

香油 1/4 茶匙
雞粉 3/4 茶匙
白胡椒粉 少許

麵衣

市售麵包粉 1 杯

Tips

1.蝦泥不要剁太久，吃來略帶蝦塊才有口感。
2.豬板油冷藏過後再切會較容易。

● 步驟

1 蝦仁倒入深碗，加清水蓋過，撒鹽搓洗，倒掉水再清洗一遍，瀝乾，以紙巾擦乾水分。

2 蝦仁以刀身壓扁或拍扁成泥狀，堆成一團再以刀背剁幾下，放入大盆摔打幾下。

3 豬板油切細末，愈小愈好。荸薺去皮切細末。

4 調味料依序加入蝦泥拌勻，再加豬板油與荸薺拌勻，以保鮮膜密封冷藏 20 分鐘。

5 取約 1 湯匙量的蝦泥塑成圓餅，均勻沾麵包粉，重複此步驟，靜置反潮。

6 專用炸籃刷一層油，放入蝦餅不要重疊，噴點油，氣炸鍋設 200 度炸 8 分鐘即可。

4

5

6

牡蠣烘蛋

鮮美滑嫩好迷人

烹調時間 ▶ **12** 分

難易度

沒有新鮮飽滿的蚵仔，便做不出一盤鮮美滑嫩的蚵仔蛋。若能買到新鮮蚵仔，趕快來做這道牡蠣烘蛋，少了一般烘蛋的油膩感，匯聚蛋香與新鮮蚵仔的鮮甜味，真是迷人啊！

● **材料**

2 人份

蚵仔 150 克
全蛋 3 顆
蔥（末）2 湯匙
紅甜椒（末）2 湯匙

―――――――――――

調味料

鹽 1/4 茶匙
香油 1/4 茶匙

―――――――――――

清洗蚵仔

太白粉 1 湯匙
鹽 1/2 茶匙

● **步驟**

1　蚵仔撒 1 湯匙太白粉輕搓後洗淨，加清水蓋過蚵仔，撒 1/2 茶匙鹽，輕搓後倒掉，再清洗後瀝乾，以紙巾擦乾。

2　蛋加調味料打散，放入蔥及紅甜椒拌勻。

3　專用烘烤鍋刷一層油，放入蚵仔，氣炸鍋溫度 180 度烤 4 分鐘。

4　倒入蛋汁，轉 160 度烤 5 分鐘，中途按暫停，打開氣炸鍋以筷子由內往外畫圈攪拌蛋汁幾下繼續加熱 。

5　最後轉 180 度烤 3 分鐘即可。

1

3

Tips

―――――――――――

蚵仔清洗後需徹底擦乾，以免烘烤時釋出過多水分。

―――――――――――

4

威靈頓鮭魚

皮酥肉嫩口口香

烹調時間 ▶ **20** 分

難易度 ▶ 🍴🍴🍴🍴🍴

比起傳統的威靈頓牛排，鮭魚版讓人有更大的驚喜！裏在酥皮裡的鮭魚排，軟嫩多汁的程度如同低溫真空烹調的效果，菠菜乳酪泥將奶油香酥皮與鮭魚融合，每一口都完美！

● 材料

2～3 人份

鮭魚片（長方形） 200 克
洋蔥（末） 50 克
蒜（末） 6 克
菠菜葉 75 克
千層酥皮 4 片

調味料

奶油 10 克
鹽 1/2 茶匙
黑胡椒 1/2 茶匙
奶油乳酪 55 克
帕馬森乾酪粉 2 湯匙
麵包粉 15 克
全蛋 1 顆
蒔蘿香草 1 湯匙

醃料

鹽 1/2 茶匙
黑胡椒 1/2 茶匙

Tips

1. 食譜中的鮭魚片大小約
7×16 公分。
2. 鮭魚建議選擇油脂較少的
部位。

● 步驟

1 在炒鍋以奶油炒香蒜與洋蔥，放入菠菜葉、
鹽與黑胡椒炒熟，轉小火放入麵包粉、奶油
乳酪、帕馬森乾酪粉與蒔蘿，關火攪拌成菠
菜泥。

2 鮭魚去皮，兩面撒鹽與黑胡椒。

3 將酥皮疊鋪成一大張，放鮭魚，再鋪上菠菜
泥。酥皮長邊往內包裹鮭魚，再包起兩短邊，
翻面讓收口朝下。

4 蛋打散，在表面塗蛋汁，左右各斜劃幾刀，
再塗 1 次蛋汁。

5 專用煎烤盤刷一層油，放入鮭魚，氣炸鍋溫
度 180 度烤 20 分鐘。

3

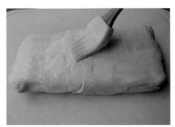

4

5

炸土魠魚羹

令人懷念的台灣味

烹調時間 ▶ **07** 分

難易度 ▶ 🥄🥄🥄🥄🥄

假日到宜蘭南方澳漁港，把新鮮又便宜的土魠魚整條搬回家。蒸、煮、煎、烤、滷、燒、炸輪番上場，私房土魠魚十種吃法各有各的精彩。把氣炸的香酥土魠魚，浸潤在鮮美羹湯裡的簡樸做法，是最讓人回味的古早味。

● **材料**

2 人份

土魠魚 370 克

調味料

糖 1 湯匙
醬油 2 湯匙
米酒 1/4 茶匙
白胡椒粉 1/4 茶匙
五香粉 1/4 茶匙
香油 1 又 1/2 茶匙

麵衣

樹薯粉 1 杯分兩次

羹湯

白菜 150 克
小魚乾 10 克
昆布 5 克
鹽 1/2 茶匙
糖 1 茶匙
醬油 1 茶匙
烏醋 2 茶匙
水 400ml
胡椒粉 適量

● **步驟**

1 土魠魚清洗去骨,切成約 3×4 公分長方塊,擦乾水分。

2 依序加調味料拌勻,以保鮮膜密封冷藏醃 30 分鐘。

3 倒一半樹薯粉,讓土魠魚均勻沾裹,呈現濕粉狀。

4 剩餘樹薯粉倒在平盤,取出魚塊,表面沾樹薯粉,呈現乾粉狀,靜置 3 分鐘。

5 專用煎烤盤刷一層油,放魚塊,表面刷上一層油,氣炸鍋溫度 200 度、時間 7 分鐘炸至金黃色。

6 小魚乾與昆布加水小火熬煮 30 分鐘,過濾取高湯放白菜煮熟,以鹽、糖、醬油、烏醋和胡椒粉調味,放入炸土魠魚塊即可。

2

4

5

法式紙包魚

輕輕鬆鬆變大廚

烹調時間 ▶ **12** 分

難易度 ▶

紙包料理 (en papillote) 是一種古老的法式烹飪技法。把食材密封在緊閉的空間，釋出食材本身的水分，讓味道互相滲透，就能引出層次豐富的風味。看是焗烤，實際上是一種蒸法。利用紙包方法，氣炸鍋便可輕鬆做出各式蒸海鮮。

● **材料**

2 人份

赤鯮魚　250 克

小番茄（對切）50 克

甜椒（條）15 克

紫洋蔥（條）15 克

剝皮辣椒（丁）或酸豆　15 克

檸檬　3 片

蒜頭（片）2 瓣

百里香或甜茴香　1/4 茶匙

鹽　1/4 茶匙

黑胡椒　少許

白酒　1/2 湯匙

橄欖油　2 湯匙

醃料

鹽　3/8 茶匙

黑胡椒　少許

Tips

1. 可使用其他適合炊蒸的全魚或魚片，但全魚尺寸不可超過煎烤盤大小。

2. 烤完後最好立刻打開紙包享用，避免鮮魚及蔬菜過熟。

● **步驟**

1　小番茄、紫洋蔥、甜椒、剝皮辣椒加蒜片、百里香、鹽及黑胡椒拌勻。

2　赤鯮魚兩面及魚肚裡都抹上醃料。

3　取一張比魚長度 3 倍大的烘焙紙，先對折再打開，將魚放在對折線旁，魚身鋪上檸檬片，再放其餘蔬菜，淋白酒及橄欖油。

4　將烘焙紙長邊往內折，覆蓋鮮魚，邊緣開口折邊封緊，確保橄欖油不會流出。

5　放在專用煎烤盤上，氣炸鍋轉 200 度烤 12 分鐘，至紙包蓬起及邊緣微焦。

3

4

延伸食譜

紙包清蒸鱈魚

鱈魚兩面抹鹽及少許米酒醃 10 分鐘。將鱈魚放在烘焙紙上，鋪薑絲及蔥段，淋 1 湯匙蒸魚醬油及 1/2 茶匙油，將烘焙紙包起封緊，放在專用煎烤盤上，氣炸鍋轉 200 度烤 10 分鐘，打開放蔥絲及紅辣椒絲即可。

PART

4

感情交流
下酒菜

————

Snack

烹調時間 ▶ **20** 分

難易度 ▶

以氣炸排油的韓國炸雞，完全不油膩的輕薄麵衣凸顯了雞翅豐盈的肉汁，酥脆又清香。請朋友 home 趴，只要預先醃好雞肉，邊炸邊吃，不管是原味或辣味，吃再多都不膩！

● **材料**

3 人份

小雞腿　500 克

――――――――

醃料

醬油　1 又 1/2 湯匙
清酒　2 湯匙
蒜（泥）2 茶匙

――――――――

麵衣

糯米粉　2 湯匙
太白粉　5 湯匙

● **步驟**

1　小雞腿擦乾水分，在肉較厚的部位劃兩刀深至骨頭，抹醃料，冷藏醃漬 1 至 3 小時。

2　混合糯米粉及太白粉，放入小雞腿，按壓搓揉讓麵衣均勻沾附在雞皮上。

3　小雞腿分 2 層放在專用炸籃及串燒雙層串燒架上，小雞腿上噴油，氣炸鍋 200 度炸 20 分鐘至熟透。

Tips

――――――――

小雞腿及雞翅劃兩刀深入至骨頭，較容易醃入味及熟透，且大小會影響熟成時間，最後幾分鐘可打開氣炸鍋檢查熟度。

――――――――

2

3

延伸食譜

► ► ►

韓國辣味炸雞翅

雞中翅以鹽、清酒、黑胡椒醃漬 1 至 3 小時，沾裹混勻的糯米粉及太白粉，以氣炸鍋 200 度炸 20 分鐘，將雞翅裹上加熱後放涼的辣拌醬（將韓國辣椒醬、醬油、蒜末、味醂各 1 湯匙，糖、水各 2 湯匙，番茄醬 1 又 1/2 湯匙、麻油 1/2 湯匙拌勻）即可。

酥脆香草雞丁

餅乾妙用變麵衣

烹調時間 ▶ **06** 分

難易度 ▶

炸物的麵衣真是千變萬化。有一次正準備炸雞丁時發現麵包粉用光了，情急智生，把起司蘇打餅乾壓碎當做麵衣，炸出來的雞丁出乎意外好脆好好吃，讓人念念不忘！

● 材料

3 人份

雞胸肉　300 克

————————

醃料

鹽　1 茶匙
義大利綜合香料　2 茶匙
黑胡椒　1/2 茶匙
原味優格　30 克

————————

麵衣

起司蘇打餅乾　75 克

● 步驟

1　雞胸肉切成 3 公分方塊。
2　依序加調味料混勻，以保鮮膜密封，冷藏醃
　　40 分鐘。
3　將蘇打餅乾壓碎成屑，不要壓成粉末狀。
4　醃好的雞丁沾餅乾屑，靜置 3 分鐘。
5　氣炸鍋專用炸籃刷一層油，放雞丁，表面噴
　　油，180 度烤 6 分鐘。

2

5

沙嗲串烤

香氣撲鼻的南洋風味

烹調時間 ▶ **07** 分

難易度 ▶

沙嗲是東南亞常見的美食，路邊小販或是高檔餐廳都能見到它的蹤影，市面上可以買到已經調製好的沙嗲醬，只要將雞肉或牛肉加薑黃粉、芫荽粉等醃漬，利用氣炸鍋烤熟，就能吃到香氣撲鼻的美味了。

● **材料**

3 人份

雞里肌肉（5 串） 200 克
牛翼板肉（4 串） 200 克

醃料

蒜（末） 2 瓣
紅蔥頭（末）6 瓣
薑黃粉 2 茶匙
芫荽粉 2 茶匙
醬油 2 茶匙
紅糖 1 又 1/2 茶匙
鹽 1 茶匙
油 2 茶匙

沾醬

市售沙嗲醬 適量

配菜

番茄 1/2 顆
大黃瓜 1/4 顆
紫洋蔥 1/4 顆

● **步驟**

1 牛肉切成 2.5 公分方塊，與雞里肌肉分別泡醃料，冷藏 1 小時。

2 竹籤泡水 30 分鐘後瀝乾，雞里肌肉與牛肉分別以竹籤串起 。

3 肉串放在專用煎烤盤上，雞肉以 190 度烤 7 分鐘，牛肉以 190 度烤 6 分鐘。

4 肉串沾沙嗲醬，搭配蔬菜品嘗。

1

3

Tips

竹籤先泡水 30 分鐘可避免烤焦。食材需切成大小均一，整齊串在竹籤上，才會熟度均勻。

酥炸鑲肉辣椒

傳統肉醬新風味

罐頭肉醬是爸爸們的集體回憶，童年停電颱風夜拌飯拌麵、郊遊時夾吐司、當兵時更是乏味飲食中的人間極品！把回憶中的美味化身為新一代的創意下酒小點，將肉醬搭配起司拌成餡，鑲入去籽的青辣椒裡，氣炸後外皮酥脆，讓年輕一代食指大動，傳統味道得以傳承下去。

烹調時間 ▶ **06** 分

難易度 ▶ 🥄🥄🥄🥄🥄

● 材料

15 條

罐頭肉醬 88 克
青辣椒 15 條
奶油乳酪 40 克
莫札瑞拉起司 40 克

———————————————

麵衣

雞蛋 2 顆
太白粉 50 克
原味早餐玉米片 100 克

● 步驟

1　青辣椒洗淨瀝乾，以刀劃開，不要切分離，去籽。

2　將玉米片壓碎，勿壓成粉末。

3　肉醬、奶油乳酪及莫札瑞拉起司拌勻成餡料。

4　將餡料塞入辣椒，塞滿但不要溢出。

5　表面沾上薄薄的太白粉，依序沾蛋汁和玉米片碎。

6　專用炸籃刷一層油，放入辣椒，不要重疊，表面噴油，氣炸鍋設 180 度 6 分鐘。

3

5

6

串炸牛肋條

住家升級變成居酒屋

烹調時間 ▶ **10** 分

難易度 ▶ 🥢🥢🥢🥢🥢

串炸是許多居酒屋都能看到的人氣料理，以竹籤串起的食材，依序裹上麵粉、蛋汁、麵包粉，以氣炸鍋代替油炸降低油膩感，記得盡量將食材切得大小一致，熟度才會均一喔。

● 材料

2 人份

牛肋條 200g
蒜苗 1 條

調味料

鹽 1/4 茶匙
黑胡椒 1/2 茶匙

麵衣

麵包粉 1 杯
麵粉 1/2 杯
全蛋(打散) 1 顆

沾醬

白蘿蔔泥 2 湯匙
日式醬油 2 湯匙

● 步驟

1 竹籤 5 根泡水備用。
2 牛肋條切成 3×2 公分塊狀,撒鹽與黑胡椒。
  蒜白切成 3 公分長段。
3 牛肉依序沾麵粉、蛋汁、麵包粉。
4 取 3 塊牛肉、2 段蒜白,間隔串在竹籤上,
  前端留 1 小節竹籤。
5 牛肉與蒜白分別刷油,將竹籤架在雙層串燒
  架上,氣炸鍋溫度 200 度 10 分鐘,搭配沾醬
  品嘗。

3

5

Tips

竹籤先浸泡可避免燒焦,也
可選用金屬籤。

烤小卷柚子沙拉

清新爽口好開胃

烹調時間 ▶ **08** 分

難易度 ▶

海鮮搭配水果向來是最清爽的組合，本港的小卷味道甘鮮，無須調味直接燒烤就很美味，再結合帶點泰式風情的柚子沙拉，吃來更是爽口，若嗜辣，醬汁也可加一點生辣椒。

● **材料**

3 ～ 4 人份

小卷　4 隻
柚子（取果肉）　半顆
紫洋蔥（絲）　60 克
小番茄（1 切 4）　5 顆
花生（碎）　1 湯匙
薄荷葉　少許

醬汁

魚露　1 湯匙
檸檬汁　1/2 湯匙
糖　1/2 湯匙
蒜（末）　1 茶匙

● **步驟**

1　將魚露、檸檬汁、糖和蒜末拌勻成醬汁。
2　小卷洗淨，頭身分離，剝除薄膜，以紙巾擦
　　乾水分。
3　小卷放入炸籃，以氣炸鍋 200 度 8 分鐘烤熟。
4　取出放涼切 1.5 公分寬圈狀。
5　小卷加柚子果肉、紫洋蔥絲、小番茄和醬汁
　　混勻，撒花生和薄荷葉。

2

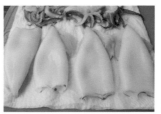

3

4

5

金沙透抽

人氣熱炒菜色輕鬆做

烹調時間 ▶ **11** 分

難易度 ▶

外表裹上金黃誘人的鹹蛋黃，吃來鹹香涮嘴，是金沙透抽讓人愛不釋口的魅力，不需以油鍋翻炒，利用氣炸鍋，輕輕鬆鬆就能端出媲美熱炒店的好菜。

● **材料**

3 ～ 4 人份

透抽 2 隻　500 克
鹽（清洗用）1 茶匙

___

醃料

蒜（末）5 克
鹽　1/2 茶匙
米酒　1/2 茶匙

___

調味料

蒜（末）5 克
熟鹹蛋黃　3 顆
蔥（末）20 克
紅辣椒（末）5 克
橄欖油　4 茶匙

___

麵衣

太白粉　3/4 杯

● **步驟**

1　透抽頭身分離洗淨，剝掉表面薄膜，切一刀攤開，透抽裡層（肚子面）朝上，以刀切出菱形格，再切成 5×3 公分片狀。

2　以清水蓋過透抽，撒 1 茶匙鹽搓洗，倒掉水再清洗一次，瀝乾後以紙巾擦乾水分，加醃料抓醃 5 分鐘。

3　倒入 1/4 杯太白粉拌勻，裹在透抽上，靜置 3 分鐘。

4　剩下太白粉倒在平盤上，放透抽輕沾裹在表面，呈現乾粉狀。

5　專用煎烤盤刷一層油，放透抽，表面噴油，氣炸鍋 200 度烤 8 分鐘後取出。

6　鹹蛋黃搗碎，放入專用烘烤鍋，倒橄欖油攪拌，氣炸鍋 160 度烤 1 分鐘，再倒入透抽、蔥、蒜與紅辣椒拌勻，氣炸鍋以 160 度烤 2 分鐘。

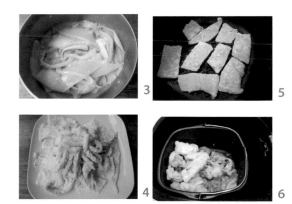

3　　　　5

4　　　　6

南洋風蝦吐司

人人都愛的秒殺小點

有百年歷史的蝦吐司，各個國家都有自己的版本。蝦吐司在台灣被稱作懷舊菜，但在國外咖啡廳卻是新寵，還演變出很多創新的風味。若想在家開派對，端出這道南洋風味的蝦吐司，肯定被秒殺。

烹調時間 ▸ **08** 分

難易度 ▸

● **材料**

14 顆

蝦仁（去殼） 230 克
鹽（清洗蝦仁） 1 茶匙
吐司 4 片
無鹽奶油（隔水融化） 少許

醃料

香菜（末） 1 湯匙
蔥（末） 4 湯匙
蒜（末） 1/2 湯匙
薑（末） 1/2 茶匙
香油 1 茶匙
魚露 1 茶匙
醬油 1 茶匙
糖 1 茶匙
薑黃粉 1/2 茶匙
鹽 少許
蛋白 1 顆
太白粉 1 茶匙

● **步驟**

1 加水蓋過蝦仁，撒 1 茶匙鹽搓洗，倒掉水再清洗一遍，瀝乾並以紙巾擦乾水分。

2 用刀身壓扁或是拍扁蝦仁成泥狀，堆起蝦泥再以刀背剁幾下，放入大盆摔打幾下。

3 依序加所有調味料，以刮刀拌勻，以保鮮膜密封，冷藏 30 分鐘。

4 吐司去邊，每一片斜切兩刀成 4 小片 3 角形，吐司側面邊緣與底部輕沾融化奶油。

5 以湯匙挖蝦泥平均塗在未沾奶油的吐司面，蝦泥約 1 公分厚。

6 專用炸籃刷一層油，放入吐司，表面噴油，以氣炸鍋 200 度烤 8 分鐘。

2

3

5

6

鹹酥豆腐

鹹酥蝦

鹹酥蝦&鹹酥豆腐

吼搭啦！吮指回味經典菜

烹調時間 ▶ **06** 分

難易度 ▶

台式熱炒菜肴有許多下酒好菜，鹹酥系列更是經典中的經典，像是鹹酥蝦就深受大眾喜愛，蝦殼沾裹了椒鹽，飄散出撲鼻的氣息，吃來鹹香夠味，讓人忍不住想要把啤酒一飲而盡。

● 材料

3 ～ 4 人份

鹹酥蝦

白蝦 8 隻
椒鹽粉 適量
玉米粉 2 湯匙

鹹酥豆腐

板豆腐 1/2 塊
椒鹽粉 適量
玉米粉 2 湯匙

● 步驟

1 白蝦剪掉頭鬚與腳，洗淨瀝乾以紙巾擦乾，加玉米粉讓白蝦表面均勻沾粉，靜置 3 分鐘。

2 專用煎烤盤刷一層油，放上白蝦，表面噴油，氣炸鍋設溫度 180 度、時間 6 分鐘，取出撒椒鹽粉。

3 豆腐瀝乾水分，分成 6 塊，約 5X4X1.5 公分大小。

4 取一平盤倒入玉米粉，豆腐塊分別沾薄薄一層玉米粉。

5 專用煎烤盤刷一層油，放上豆腐，表面再刷油，氣炸鍋 160 度烤 15 分鐘，轉 200 度再烤 3 分鐘，取出撒椒鹽粉。

1

2

4

5

香草乳酪・薑黃・辣紅椒
三色烤白花椰菜──

口味繽紛大滿足

烹調時間 ▶ **12** 分

難易度 ▶

烤白花椰菜是西式素食常見的菜色，馥郁的香料、橄欖油香氣，結合質地爽脆的白花椰菜口感，總讓人垂涎。一次烹調 3 種口味，起司、薑黃、微辣，吃來格外滿足。

材料

3 人份

香草乳酪烤白花椰菜

白花椰菜　150 克
鹽　少許
黑胡椒　少許
帕馬森乳酪粉　1 湯匙
洋香菜　1/8 茶匙
橄欖油　2 茶匙

薑黃烤白花椰菜

白花椰菜　150 克
鹽　少許
黑胡椒　少許
薑黃粉　1/4 茶匙
孜然粉　1/8 茶匙
橄欖油　2 茶匙

辣紅椒烤白花椰菜

白花椰菜　150 克
鹽　少許
黑胡椒　少許
匈牙利紅椒粉　1/4 茶匙
香蒜粉　1/4 茶匙
橄欖油　2 茶匙

步驟

1　白花椰菜洗淨瀝乾切小朵，分別加調味料及橄欖油拌勻。

2　將薑黃風味及辣紅椒風味的白花椰菜置專用煎烤盤上，放專用串烤雙層架，把香草乳酪風味的白花椰菜放上層。

3　氣炸鍋預熱 180 度，烤 10 至 12 分鐘至表面微焦。

1

2

Tips

把調味較濃的風味放下層，可避免上層滴落的汁液影響下層白花椰菜的味道。

香料炸蘑菇

酥香多汁好爽口

烹調時間 ▶ **12** 分

難易度 ▶ 🥄🥄🥄🥄🥄🥄

飽滿大顆的蘑菇，裹上混合多種香料的麵衣，氣炸後表面變得酥脆，大口咬下，就能感受到蘑菇多汁的質地，還會溢出香草帶來的芳香，沾點優格醬汁，吃起來更解膩唷！

● **材料**

3 人份

蘑菇　200 克
鹽　少許
黑胡椒　少許

麵衣

麵包粉　1/2 杯
帕馬森乳酪粉　1/2 杯
匈牙利紅椒粉　1/4 茶匙
洋香菜粉　1/4 茶匙
香蒜粉　1/4 茶匙
鹽　1/4 茶匙
黑胡椒粉　1/8 茶匙
雞蛋（打勻）　1 顆

沾醬

原味優格　1/2 杯
檸檬汁　適量

● **步驟**

1　麵衣材料除雞蛋外，全部混合均勻。

2　蘑菇先沾蛋汁，再沾麵衣，輕輕壓緊，靜置 5 至 6 分鐘反潮。

3　專用炸籃噴油，放入蘑菇並在表面噴油，設定 190 度氣炸 12 分鐘。可使用串烤雙層架分 2 層氣炸。

4　取出盛盤，灑鹽及黑胡椒調味，佐以沾醬 。

2

3

Tips

蘑菇不要泡水清洗，以濕布擦乾淨表面即可。

烹調時間 ▶ **30** 分

難易度 ▶ 🥄🥄🥄🥄🥄

普切塔（Bruschetta）是義大利經典口味，可在烤麵包鋪上各種佐料。浸潤了蒜油的菇菇帶著些許鹹度，香氣撲鼻而來，吃來一點都不會膩，搭配烤得酥脆的麵包，十分合拍。

● **材料**

3 人份

綜合菇　200 克
鹽　1/2 茶匙
百里香　1 茶匙
蒜（拍扁）3 瓣
紅蔥頭（末）1 茶匙
橄欖油　200ml

● **步驟**

1　將菌菇及蒜頭置專用烘烤鍋內，灑百里香、
　　紅蔥頭及鹽抓勻，倒入橄欖油，氣炸鍋轉
　　120 度烤 10 分鐘。
2　打開氣炸鍋，將菌菇壓在橄欖油下，氣炸鍋
　　轉 80 度再烤 20 分鐘。
3　取出菌菇及蒜頭，鋪在法國麵包上享用。

1

Tips

菌菇不要泡水清洗，切掉蒂
頭，以濕布擦乾淨表面即可。

延伸食譜

油封小番茄

把約 180 克小番茄對切，置專用烘烤鍋內，灑 1/2 茶匙鹽、1/4 茶匙糖及
1/4 茶匙黑胡椒，放入 10 克九層塔或奧勒岡及 2 瓣蒜片拌勻，倒入 120ml
橄欖油，氣炸鍋轉 160 度烤 20 分鐘。

台灣味蚵卷

正港道地台灣味

烹調時間 ▶ **10** 分

難易度 ▶ 🥄🥄🥄🥄🥄

肥美鮮甜的蚵仔向來是台灣人最愛的海鮮之一，搭配韭菜、冬粉，以春卷皮包捲油炸，是許多人熟悉的滋味。利用氣炸鍋兩階段控溫，就能酥香不含油，絲毫不必擔心吃得太油膩。

● 材料

8 卷

蚵仔　300 克
春卷皮　8 張
韭菜（末）　100 克
冬粉（泡軟切段）　1 把

────────────

調味料

太白粉　1 湯匙
白胡椒粉　3/4 茶匙
鹽　1/2 茶匙
香油　1 茶匙

────────────

清洗蚵仔

太白粉　2 湯匙
鹽　1 茶匙

Tips

────────────

清洗後的蚵仔必需徹底擦乾
水分，以避免春卷皮沾濕。
蚵卷封口的麵糊，以麵粉與
水 3：1 比例調成。

────────────

● 步驟

1　蚵仔撒 2 湯匙太白粉輕搓後洗淨，再加清水
　　蓋過，撒 1 茶匙鹽輕搓後倒掉再清洗 1 次。
2　蚵仔瀝乾，以紙巾徹底擦乾，加 1 湯匙太白
　　粉均勻沾裹，再加韭菜、冬粉、鹽、白胡椒
　　粉與香油拌成餡料。
3　每張春卷皮鋪約 2 湯匙餡料，捲起後，以麵
　　糊封口。
4　整條春卷均勻刷油，放入氣炸鍋專用炸籃，
　　溫度設 180 度 5 分鐘，再轉 200 度 5 分鐘。

2

3

4

黑胡椒脆皮肉刈包

脆皮口感令人驚豔

烹調時間 ▶ **30** 分

難易度 ▶ 🍴🍴🍴🍴🍴

傳統的刈包是包夾滷肉，若想來點變化，不妨試試這道黑胡椒口味，氣炸過的五花肉豬皮變得香脆，肉質依舊軟嫩，搭配蒸刈包或炸刈包，不但很有滿足感，口味還非常下酒！

● **材料**

3 ～ 4 人份
帶皮五花肉　600 克

___

調味料

蒜（末）　12 克
薑（末）　1 克
米酒　3 茶匙
醬油　2 茶匙
糖　1/2 茶匙
黑胡椒粉　1 茶匙
粗黑胡椒粒（稍壓碎）　1 茶匙
粗鹽　適量

___

配料

刈包　6 ～ 8 顆
小黃瓜片　32 小片
香菜　適量
含糖花生粉　8 茶匙

Tips
___

若想做成港式脆皮燒肉般的
脆皮，步驟 1 之後，將五花
肉以保鮮膜包裹肉的部位，
讓豬皮外露，放冰箱冷藏一
夜使豬皮脫水。第二天將五
花肉取出回到室溫，在豬皮
上戳洞，然後先抹 1/2 湯匙
白醋，鋪上粗鹽，再進行其
餘步驟。

● **步驟**

1　五花肉洗淨擦乾放入塑膠袋，放入蒜、薑、
米酒、醬油與糖混合，冷藏醃漬 1 小時

2　取出五花肉，豬皮朝下，表面抹黑胡椒粉、
粗顆黑胡椒粒，將豬皮翻上，表面蓋上一層
粗鹽。

3　專用煎烤盤刷一層油，豬皮朝上入鍋，氣炸
鍋設溫度 180 度烤 15 分鐘，取出五花肉撥除
表面粗鹽。

4　豬皮朝上再入鍋，轉 200 度烤 15 分鐘至豬
皮香脆，取出切成 1 公分厚片。

5　把蒸熟的刈包夾 1 片肉及小黃瓜，撒花生粉
及香菜享用。

1

2

3

延伸食譜

炸刈包

刈包表面抹油，放入專用煎烤盤，
氣炸鍋設 180 度、時間 4 分鐘。

義大利飯糰

剩飯變身人氣歐風料理

烹調時間 ▶ **08** 分

難易度 ▶ 🥄🥄🥄🥄🥄

吃不完的白飯冷藏後變得較乾硬，除了可炒飯，不妨試試做成義大利飯糰。隔夜飯只要拌點蛋，包入起司，裹上麵衣，利用氣炸鍋輕易就能變身為人氣超旺的炸飯糰！

● **材料**

5 顆

過夜冷藏白飯　180 克
帕馬森乳酪粉　45 克
莫札瑞拉起司　40 克
蛋　1 顆
麵粉（防沾手）　少許

麵衣

麵包粉　60 克
洋香菜　2 茶匙
鹽　1/2 茶匙
蛋（打勻）　1 顆

● **步驟**

1 白飯加蛋、帕馬森乳酪粉拌勻。莫札瑞拉起司捏成糰，搓成 5 顆圓球。麵包粉加洋香菜和鹽拌勻成麵衣。

2 手輕沾少許麵粉避免黏手，取約 2 湯匙白飯捏成糰，用拇指按入中間成凹洞，填入起司圓球後揉成圓球飯糰。

3 每顆飯糰均勻沾蛋汁，再裹上麵衣，靜置 3 分鐘。

4 將飯糰放入專用煎烤盤上，表面噴油，氣炸鍋設溫度 180 度、時間 8 分鐘。

5

色香俱全
便當愛

Boxed
Lunch

韓式烤豬五花

讓眾人稱羨的主菜

烹調時間 ▶ **09** 分

難易度 ▶

這幾年韓式料理席捲全台,韓式烤肉店愈來愈多,烤五花肉更是其中的經典菜肴,只要掌握水梨泥和韓國辣醬等關鍵醃料,就能做出道地口味,讓你的愛心便當一打開,立刻吸引眾人目光!

● **材料**

2 人份

豬五花肉 (0.5 公分厚) 2 條
300 克

醃料

水梨 (磨泥)　30 克
味噌　4 茶匙
韓國辣醬　1/2 湯匙
糖　4 茶匙
米酒　2 茶匙
味醂　2 茶匙
蒜 (末)　1 茶匙
鹽　3/4 茶匙
胡椒粉　少許
香油　2 茶匙

Tips

計時器顯示剩 2 分鐘時可拉
開氣炸鍋抽屜，在豬肉兩面
刷上一層醃漬醬，可讓味道
更濃郁。

● **步驟**

1　將五花肉對切，以方便放入氣炸鍋。
2　五花肉加拌勻的醃料抓醃，放冰箱冷藏醃漬 2
　小時。
3　五花肉放在專用煎烤盤上，氣炸鍋 200 度烤
　9 分鐘，至表面微焦。

2

3

延伸食譜

▶
▶
▶

麻油煎太陽蛋

專用烘烤鍋刷上麻油，將雞蛋直接打入專用烘烤鍋，灑上鹽，以 180 度氣
炸 7 分鐘。

香料烤南瓜
蘆筍豆包卷 &
舒爽滋味更勝大魚大肉

烹調時間 ▶ **06** 分

難易度 ▶ 🍴🍴🍴🍴🍴

吃太多肉食容易對身體造成負擔，只要烹調得宜，注重調味，其實蔬食也能勝過大魚大肉，就算是當成便當主菜，也能讓無肉不歡的人吃得心滿意足。

● **材料**

2 人份（4 卷）

蘆筍豆包卷

豆包　1 片
細蘆筍　12 根
韓國海苔　1 大片
鹽　少許

香料烤南瓜

南瓜（去皮去籽）　100 克
孜然粉　1/2 茶匙
橄欖油　1 茶匙
鹽　少許

Tips

1. 選用新鮮未炸過的豆包。
2. 蘆筍可改紅蘿蔔、洋芹、甜椒、四季豆等口感爽脆的蔬菜。
3. 韓國海苔帶麻油香，若使用一般海苔，可在豆包上刷少許麻油再鋪海苔。

● **步驟**

1　蘆筍洗淨瀝乾，切成約 6 至 7 公分長小段。
2　將豆包攤開切成 4 等份，海苔剪成同豆包大小一致。
3　豆包攤開，灑少許鹽，鋪海苔，放 6 段蘆筍後捲起，封口處抹麵糊（適量太白粉加水混合）封口。
4　豆包卷收口朝下放入專用煎烤盤，表面噴油，氣炸鍋 180 度 6 分鐘，至表面焦黃。
5　南瓜切 3 ～ 4 公分塊狀，加孜然粉和橄欖油混勻。
6　將南瓜放在專用煎烤盤上，氣炸鍋 180 度烤 10 分鐘，灑上鹽即可。

4

6

延伸食譜 ▶▶▶

烤彩蔬

8 根甜豆、4 條鴻禧菇、少許黑木耳絲加 1/8 茶匙香菇粉及少許香油混合，放鋁箔紙上。1/8 顆紅甜椒丁和 2 湯匙玉米粒加少許鹽、黑胡椒及油拌勻，放另一張鋁箔紙。將鋁箔紙折疊封口，放在專用煎烤盤上，氣炸鍋 180 度烤 5 分鐘。

柚子胡椒烤秋刀魚

平價魚種華麗大變身

烹調時間 ▶ **10** 分

難易度 ▶

柚子胡椒是日本九州常見的調味料，滋味微辣微鹹，帶著一股柚子果香和辛香，只要烹調時加上一點，就能讓菜色提味生香。平價的秋刀魚只要煎烤時，加一點柚子胡椒調味，就能變成迷人的便當主菜。

● **材料**

1 人份

秋刀魚　1 條
鹽　1/4 茶匙

———————————

醬料

柚子胡椒　1/2 茶匙
日式醬油　1 茶匙
麻油　1/2 茶匙

● **步驟**

1　秋刀魚洗淨擦乾，對切後在魚身劃刀痕，灑
　　鹽冷藏醃 10 分鐘。醬料拌勻備用。

2　秋刀魚放在專用煎烤盤上，氣炸鍋轉 200 度
　　烤 10 分鐘，計時器剩 3 分鐘時打開，再刷上
　　醬料繼續煎烤。

3　計時器剩 2 分鐘時打開，將魚翻面再刷醬料，
　　繼續煎烤至完成提示聲響起。

2

Tips

———————————

在魚身劃刀痕可加快醃入
味，烹調時受熱能更均勻。

———————————

延伸食譜 ▶

烤虱目魚肚

虱目魚肚洗淨擦乾水分，灑鹽醃 10 分鐘，放在專用煎烤盤上，氣炸鍋轉
180 度，烤 12 分鐘，盛盤後擠檸檬汁。

焗烤海鮮飯

烹調時間 ▶ **13** 分

難易度 ▶ 🍴🍴🍴🍴🍴

吃膩了一成不變的便當，就用焗烤海鮮飯來換換口味吧！當打開便當，舀起飯時，那融化的起司還會拔絲，看了就讓人胃口大開。

● **材料**

1～2 人份

熱米飯 1 碗　200 克
蝦子　80 克
熟淡菜　20 克
小章魚　70 克
洋蔥（丁）　40 克
蒜（末） 1 瓣
甜椒（丁）　20 克
金寶蛤蜊濃湯　300 克.
黑胡椒　少許
乳酪絲　2 湯匙
油　1 茶匙
洋香菜　少許

● **步驟**

1　蝦子剪除蝦頭尖鬚，去泥腸。蛤蜊濃湯加熱。

2　洋蔥、蒜頭放入專用烘烤鍋，淋油，氣炸鍋 180 度 2 分鐘爆香，放甜椒拌勻，續烤 2 分鐘。

3　加入海鮮，氣炸鍋 180 度 3 分鐘。

4　米飯放入可焗烤耐熱玻璃便當盒，淋一半濃湯，鋪蔬菜及海鮮，灑黑胡椒，再倒剩餘濃湯，灑洋香菜，鋪乳酪絲。

5　氣炸鍋 200 度烤 6 分鐘，至乳酪變金黃色。

2

3

4

Tips

海鮮可隨意選擇，如鯛魚片、透抽等。濃湯可改用義大利麵醬或其他口味濃湯。

四季素肥腸

無肉也歡的好滋味

烹調時間 ▶ **15** 分

難易度 ▶ 🍴🍴🍴🍴🍴

四季肥腸固然酥脆好吃，但高脂肪總是讓人不敢放肆大快朵頤。若是改用麵腸，外表及味道似可亂真，最重要是吃起來更無負擔，不管下酒或是帶便當都十分適合。

材料

2 人份

四季豆　120 克
蒜（片）3 瓣
蔥（花）1 湯匙
辣椒（末）1/2 根
鹽　1/2 茶匙
白胡椒粉　1/4 茶匙
糖　1/4 茶匙
油　1 茶匙

素肥腸

滷素麵腸　2 條
太白粉　適量
油　少許

步驟

1　滷好的素麵腸瀝乾醬汁，灑太白粉，放專用煎烤盤上，表面噴油，氣炸鍋 200 度 7 分鐘，炸成金黃色，取出切段。

2　四季豆去粗筋切斜段，放專用煎烤盤上，噴油，氣炸鍋 180 度，3 分鐘後取出。

3　蒜、蔥、辣椒放入專用烘烤鍋，加 1 茶匙油，氣炸鍋 180 度，爆香 3 分鐘。

4　加入四季豆及素肥腸，灑上鹽、糖及胡椒粉拌勻，氣炸鍋 180 度 2 分鐘。

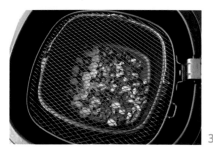

Tips

辛香料與油入專用烘烤鍋爆香時，可將 HD9642 專用炸籃的網子拆下，蓋在烘烤鍋上，可防止重量較輕的辛香料彈出。

泰式香辣鮭魚&椰香地瓜

來一場味蕾的小旅行

泰式香辣
鮭魚

椰香地瓜

烹調時間 ▶ **17** 分

難易度 ▶ 🍴🍴🍴🍴🍴

午餐時刻給自己來一場味蕾的小旅行吧！利用泰式是拉差辣醬調味的鮭魚，加上帶著椰子油香氣的地瓜，入口彷彿在南國島嶼度假，充飽了能量，就能繼續努力工作。

● 材料

1 人份

香辣鮭魚

鮭魚（1.5 公分厚） 130 克
鹽 1/8 茶匙
是拉差辣醬 1 湯匙
蜂蜜 2 茶匙

椰香地瓜

地瓜 150 克
鹽 1/4 茶匙
香蒜粉 少許
椰子油 1/2 湯匙

● 步驟

1 鮭魚擦乾水分灑鹽。辣醬加蜂蜜混成醃醬抹
在鮭魚上，冷藏醃 15 分鐘。

2 地瓜去皮切塊，灑鹽及香蒜粉，裹椰子油。

3 地瓜放專用煎烤盤上，氣炸鍋 180 度烤 17 分
鐘。計時器剩 7 分鐘時，打開將地瓜撥到一
旁，放入鮭魚不重疊。

4 剩餘 2 分鐘時，打開在鮭魚上再刷一層醃醬，
烤至計時器提示聲響起即可。

1

3

Tips

若要同時烤綠花椰菜，可在
剩餘 3 分鐘時放入。

番茄肉丸義大利麵

媲美大廚的可口麵食

烹調時間 ▶ **20** 分

難易度 ▶ 🍴🍴🍴🍴🍴

義大利麵選擇豐富，番茄紅醬口味永遠吃不膩，搭配用氣炸鍋炸的肉丸子，既減油又能保持圓滾滾的外形，再以氣炸鍋燉煮入味，微酸開胃且溢滿肉鮮，滋味一點也不輸餐館，就算帶便當也適合。

● **材料**

3 人份

牛絞肉　240 克
豬絞肉　120 克
麵粉（防黏手）少許
番茄義大利麵醬　400ml
義大利麵　240 克
帕瑪森乳酪絲　少許

───────────────

調味料

鹽　1/2 茶匙
黑胡椒粉　1/2 茶匙
蒜（末）1 茶匙
洋香菜葉（巴西里）3 茶匙
全蛋　1 顆
橄欖油　60ml
麵包粉　1/2 杯

● **步驟**

1　牛絞肉與豬絞肉攪拌均勻，依序放入調味料拌勻成肉餡。

2　取一平盤撒少許麵粉，手掌沾些麵粉，取 55 克肉餡捏成圓球。

3　煎烤盤刷一層油，放上肉丸，氣炸鍋設溫度 200 度 10 分鐘取出。

4　湯鍋加適量水及少許鹽煮滾，放入義大利麵煮熟。

5　麵醬倒入專用烘烤鍋，放入肉丸，氣炸鍋設溫度 160 度 10 分鐘，中途將肉丸翻面，倒在煮熟的麵條上，撒乳酪絲。

1

3

5

PART

6

舒心享樂
下午茶

———————

Dessert

橄欖油檸檬蛋糕

質地輕盈彷彿漫步在果園

烹調時間 ▶ **45** 分

難易度 ▶ 🥄🥄🥄🥄🥄

以橄欖油取代奶油做成的蛋糕，質地多了一分輕盈，添加檸檬屑與檸檬汁，聞起來彷彿漫步在檸檬果園之中。最後淋上檸檬蜂蜜醬，待它緩緩浸透軟綿綿的蛋糕，口感會更濕潤，味道也更有層次。

● **材料**

2 人份

橄欖油 90ml

蛋 1 顆

檸檬皮屑 1/2 湯匙

檸檬汁 30ml

牛奶 200 克

細砂糖 165 克

低筋麵粉 150 克

泡打粉 2 茶匙

小蘇打粉 1/4 茶匙

模具

直徑 15cm 圓形蛋糕模 2 個

裝飾糖漿

蜂蜜 30ml

檸檬汁 25ml

檸檬片 6 片

● **步驟**

1 橄欖油、蛋汁倒入鍋盆，以球型打蛋器混合，加檸檬皮屑、檸檬汁、牛奶、糖攪拌均勻。

2 將麵粉、泡打粉、小蘇打粉篩入鍋盆，拌勻至無粉粒，麵糊平均倒入兩個蛋糕模。

3 氣炸鍋預熱 160 度，放入一個蛋糕模，烤 25 分鐘後，蓋上鋁箔紙，再烤 20 分出爐，放涼後脫模。

4 蜂蜜與檸檬汁倒入萬用鍋，使用烤肉模式邊加熱邊攪拌，或倒入鍋子以小火煮成較濃稠的糖漿。

5 蛋糕鋪檸檬片，淋上溫熱糖漿即可。

1

3

2

Tips

糖漿可改成防潮糖粉。攪拌時會發現橄欖油麵糊比奶油麵糊稀，屬正常現象。

櫻桃費南雪

造型與口味都討喜

烹調時間 ▶ **15** 分

難易度 ▶

一條條像金磚的費南雪,是長輩最喜歡收到的吉祥禮物。費南雪也稱為金磚蛋糕,質地濕潤,特色是奶油會煮到略焦而散發出堅果般的香氣,若再點綴些櫻桃,不僅更美觀,也添增品嘗時的樂趣。

● **材料**

12 個

無鹽奶油　150 克
蛋白　3 顆
細砂糖　100 克
鹽　1/4 茶匙
蜂蜜　25 克
中筋麵粉　50 克
杏仁粉　50 克
去籽櫻桃（1 切 4）9 顆

模具

長方型小蛋糕模具　6 個

● **步驟**

1　奶油以湯鍋中小火煮至焦糖褐色，靜置放涼後，過濾至無殘渣。

2　在攪拌盆打散蛋白，無需起泡，再倒入砂糖、鹽、蜂蜜混勻。

3　篩入麵粉、杏仁粉，混合至無粉粒，倒入步驟 1 的融化奶油拌勻。

4　麵糊放冰箱冷藏半小時，填入抹好油的蛋糕模至 8 分滿，再放上櫻桃。

5　氣炸鍋預熱 170 度，放入蛋糕模烘烤 15 分鐘。

1

3

4

5

花生軟心布朗尼

口感豐富甜在心

烹調時間 ▸ **35** 分

難易度 ▸

這款布朗尼是為最愛吃花生與巧克力的超馬老爸量身打造，走的是豪邁風，濕潤的蛋糕結合了半融巧克力與花生粒，又軟又脆，豐富的口感讓人一口接著一口停不下來。

● 材料

2 個專用烘烤鍋份量

黑巧克力 170 克

無鹽奶油 140 克

細砂糖 165 克

鹽 1/2 茶匙

蛋 3 顆

中筋麵粉 80 克

花生粒 45 克

● 步驟

1 取 100 克巧克力和無鹽奶油，切小塊後隔水加熱，並持續攪拌。

2 完全融化後倒入攪拌盆，加入砂糖、鹽、蛋汁攪拌均勻。

3 篩入麵粉，混合至均勻無粉粒。

4 花生去膜切碎，剩餘巧克力切塊，都倒入麵糊稍微混合使分布均勻。

5 麵糊倒入專用烘烤鍋，放入預熱 160 度的氣炸鍋，烤 35 分鐘後放涼脫模。

1

4

5

古早味芋頭雞蛋糕

樸實無華卻迷人

烹調時間 ▶ **15** 分

難易度 ▶ 🥄🥄🥄🥄🥄

每次在路邊見到雞蛋糕攤，總是會忍不住停下來買一包。芋頭杯子蛋糕嘗起來就像雞蛋糕一般，充滿濃郁蛋奶味，但還多了一股淡淡芋頭香，這種樸實無華的古早味，最是迷人。

● 材料

10 個

椰子油　90ml

細砂糖　40 克

雞蛋　1 顆

香草精　1/4 茶匙

中筋麵粉　115 克

泡打粉　1 又 1/2 茶匙

鹽　1/4 茶匙

芋頭絲　75 克

糖粉　適量

模具

直徑 5 公分的迷你杯子
蛋糕模　10 個

● 步驟

1　椰子油、砂糖混勻，加入打散的蛋汁、香草精繼續攪拌。

2　放入過篩的麵粉、泡打粉、鹽，拌勻至無粉粒，再拌入芋頭絲。

3　將麵糊分裝至杯子蛋糕模，每個約 7 至 8 分滿。

4　氣炸鍋預熱 150 度，蛋糕模放炸籃上，烤 15 鐘。

5　放涼後灑上糖粉裝飾即可。

1

2

4

紅李柿子奶酥

\ 大家都搶著吃的秒殺甜點 /

烹調時間 ▸ **45** 分

難易度 ▸ 🥄🥄🥄🥙🥙

李子、柿子如何變成甜點？搭配奶酥就對了。麵粉拌入開心果碎、砂糖等，再放入奶油搓揉，烘烤後，就成了香甜可口的小點心，只要一端上桌，絕對馬上被搶光光！

● **材料**

2 人份

紅李 2 顆
富有柿 1/2 顆
蜂蜜 1/2 湯匙

———————————

模具

12 公分方形焗烤用玻璃
保鮮盒

———————————

奶酥

中筋麵粉 40 克
去殼開心果 35 克
細砂糖 45 克
肉桂粉 1/4 茶匙
無鹽奶油（冷藏） 45 克

● **步驟**

1 紅李、柿子切丁，加蜂蜜混合均勻，放入保鮮盒。

2 放入氣炸鍋以 160 度烤 15 分鐘至水果稍軟，取出放涼。

3 麵粉過篩，加剁碎的開心果、糖、肉桂粉，以刮刀稍微拌勻。

4 加入切成小塊的奶油，與粉料搓揉成粗顆粒的奶酥。

5 將奶酥撒在水果餡料上，放入氣炸鍋 170 度烤 30 分。

1

2

4

Tips

———————————

製作奶酥的奶油必須又冰又硬，奶酥才會酥鬆。

———————————

肉鬆芋泥球
蛋黃芋泥球 &
遊客最愛台灣味小點

烹調時間 ▶ **08** 分

難易度 ▶ 🥄🥄🥄🥄🥄

蛋黃芋泥球和肉鬆芋泥球是傳統的台灣小點,也是遊客們最熱愛的夜市小吃之一。芋頭蒸熟搗成泥後,記得拌點奶油,可讓口感更滑潤,也能自行變化內餡,甚至完全不加餡料也很好吃。

● **材料**

8 顆

芋頭（去皮） 320 克
熟鹹蛋黃 1 顆
肉鬆 3 茶匙

―――――――――

調味料

奶油 60 克
二號砂糖 30 克
樹薯粉 25 克

● **步驟**

1 芋頭切薄片蒸軟，趁熱搗成泥，加奶油、糖和樹薯粉拌勻放涼。

2 鹹蛋剝殼取蛋黃分成 4 小份，取約 1 湯匙芋泥揉成圓球，以拇指按下一凹洞填入鹹蛋黃，揉成圓球，共 4 顆。

3 取 3/4 茶匙肉鬆包入芋泥，揉成圓球，共 4 顆。

4 專用煎烤盤刷一層油，放入芋泥球並噴油，氣炸鍋溫度 200 度、時間 8 分鐘。

1

2

4

Tips

―――――――――

餡料可依喜好搭配起司、年糕或紅豆泥。

―――――――――

芝麻紅豆南瓜餅

金黃圓圓像月餅

烹調時間 ▶ **08** 分

難易度 ▶

甜點也能吃得很健康,像是營養豐富的南瓜,帶著自然的甜度,加上糯米粉揉成麵糰,搭配紅豆餡,就能做出香甜可口的南瓜餅。吃塊餅、喫杯茶,感覺格外愜意。

● **材料**

8 顆

南瓜（去皮） 200 克
糯米粉 120 克

────────────

調味料

白糖 15 克
溫水 60 克
市售紅豆餡料 8 茶匙
白芝麻 4 湯匙

● **步驟**

1　南瓜切薄片蒸軟，瀝除多餘水分，趁熱搗成泥，並放入白糖拌勻放涼。

2　糯米粉過篩，慢慢倒入溫水拌成雪花片狀，加南瓜泥揉成圓狀不沾手的麵糰。

3　取約 55 克麵糰搓成圓球，以拇指按下一凹洞填入 1 茶匙紅豆泥，揉成圓球再輕壓成扁平餅狀，表面沾白芝麻。

4　專用煎烤盤刷一層油，放入南瓜餅，表面噴油，氣炸鍋溫度 170 度、時間 8 分鐘。

2

3

Tips

────────────

若南瓜泥太濕潤，麵糰難成形，可再加入少許糯米粉。包餡時可在手掌上沾些麵粉避免沾手。

────────────

鳳梨乾

富有柿乾

鳳梨乾・富有柿乾

烤鮮果乾——

濃縮甜味的小點心

烹調時間 ▶ **150** 分

難易度 ▶ 🍴🍴🍴🍴🍴

新鮮水果多汁可口，若是烘乾後，濃縮了甘甜韻味，吃來更有層次。不需再買果乾機，利用氣炸鍋也能輕鬆烘出果乾。鳳梨、蘋果、芭樂、柿子都可試試看喔！

● **材料**

5～6 片

鳳梨乾
新鮮鳳梨（去皮）1 顆

富有柿乾
富有林（或蘋果）1 顆

● **步驟**

1　鳳梨切 0.5 公分片狀，垂直插在串燒雙層架橫紋網，氣炸鍋 90 度烤 60 分鐘。

2　重覆步驟 1 兩次，共烤 2.5～3 小時至鳳梨摸起來乾燥，取出放涼，放入密封盒保存。

3　富有柿去皮，切 0.5 公分片狀，平放在專用煎烤盤和專用串燒雙層架上，氣炸鍋 90 度，烤 60 分鐘。

4　將富有柿重覆再烤，共烤 1.5~2 小時至柿子乾變乾燥，取出放涼，放入密封盒保存。

1

Tips

水果若切愈薄，烘烤時間可縮短。

氣炸鍋零失敗。再升級
73 道新手不敗的減脂料理
吃到健康及美味！

作者／JJ5 色廚 (張智櫻)、超馬先生 (陳錫品)、宿舍廚神 (陳依凡)
攝影／JJ5 色廚（張智櫻）
美術編輯／Arale、廖又頤、招財貓
執行編輯／李寶怡
文字編輯／沈軒毅
企畫選書人／賈俊國

總編輯／賈俊國
副總編輯／蘇士尹
編輯／高懿萩
行銷企畫／張莉滎、廖可筠、蕭羽猜

發行人／何飛鵬
出版／布克文化出版事業部
台北市民生東路二段 141 號 8 樓
電話：02-2500-7008
傳真：02-2502-7676
Email：sbooker.service@cite.com.tw

發行／英屬蓋曼群島商家庭傳媒股份有限公司城邦分公司
台北市中山區民生東路二段 141 號 2 樓
書虫客服務專線：02-25007718；25007719
24 小時傳真專線：02-25001990；25001991
劃撥帳號：19863813；**戶名**：書虫股份有限公司
讀者服務信箱：service@readingclub.com.tw

香港發行所／城邦（香港）出版集團有限公司
香港灣仔駱克道 193 號東超商業中心 1 樓
電話：+86-2508-6231　**傳真**：+86-2578-9337
Email：hkcite@biznetvigator.com
馬新發行所／城邦（馬新）出版集團 Cité (M) Sdn.
Bhd.41, Jalan Radin Anum, Bandar Baru Sri Petaing, 57000 Kuala Lumpur, Malaysia
電話：+603- 9057 -8822
傳真：+603- 9057 -6622
Email：cite@cite.com.my
印刷／韋懋實業有限公司
初版／2018 年（民 107）12 月　2019 年（民 108）11 月初版 30 刷
售價／新台幣 380 元
ISBN ／ 978-957-9699-55-6

城邦讀書花園
www.cite.com.tw　布克文化 WWW.SBOOKER.COM.TW　PHILIPS